角落小夥伴掌心絨毛布偶大集合

BOOK

書中包含不在台灣販售的商品

書中收錄資訊皆依據日本2019當時情況

角落小夥伴掌心絨毛布偶大集合是什麼？

只要一搭上電車就躲在角落的位子、去咖啡廳就想找角落的座位……。
只要待在角落，不知為何就會覺得「好安心」嗎？
怕冷的「白熊」、沒自信的「企鵝？」、
被吃剩的(!?)「炸豬排」、害羞的「貓」、隱瞞真實身分的「蜥蜴」等
許多雖然有些內向卻各自擁有特色的「角落小夥伴」。

「角落小夥伴掌心絨毛布偶大集合」簡稱角落大集合，
就是可以盡情享受創作角落小夥伴世界的絨毛布偶們。
掌心大小尺寸的絨毛布偶、像書本般可以用來說故事的絨毛立體繪本、
可以換造型的換裝絨毛布偶等等，
網羅至今為止最完整的「角落大集合」在這一本書中。

看著他們圓圓的雙眼，你會感受到心兒怦怦跳的話，
要不要帶著角落小夥伴們一起去最愛的角落呢？

Contents

CAMERA

SUMIKKO GURASHI

角落小夥伴

Sumikko

為大家介紹角落小夥伴與好朋友們。

哇一哇一

啪啪

♬ ♪

拖拖拉拉…

白熊

從北方逃跑而來，怕冷又怕生的熊。
害怕冬天。
最喜歡熱茶、被窩等溫暖的東西。
手很靈巧。

SIDE	BACK	SIDE

腳印　　重要

在角落
喝杯熱茶的時光
最讓人放鬆…

嬰兒時期

怕生…

啪答　啪答

打掃中的白熊

做菜中的
白熊

各式各樣
妙用

裁縫中的白熊

ｚｚ…

企鵝?

我是企鵝?對「企鵝」這個身分，
沒有自信。
從前從前，頭上好像有個盤子……
每一天都忙著尋找自我。

SIDE	BACK	SIDE
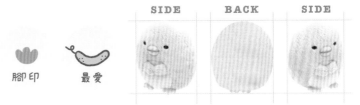		

腳印　　最愛

興趣是讀書

!? 以前好像
長這個樣子…?

喜愛
音樂♪

♥

最愛
小黃瓜

熱中
各種觀察

我行我素

正在
尋找自己

炸豬排

腳印　　好友

SIDE	BACK	SIDE

麻雀常來
偷啄麵衣…

下雨天
會用乾燥劑
除濕

偶爾泡個油鍋澡回炸一下

粉紅色的部分是
1%的瘦肉

滋～

好好吃喔
炸豬排自薦精選★

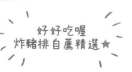

外帶

章魚燒

炸豬排咖哩

炸串

貓

容易害羞的貓。個性怯懦，
常搶不到角落。雖然謙和溫馴，
卻因為太在意他人，
所以常常把自己搞得很累。

SIDE	BACK	SIDE

腳印　　感情好

有個地方躲
就感到安心…

貓的家族

理想體型

嚮往纖細身形
與長長的尾巴

常待在角落抓牆

喜歡貓罐頭、
魚、貓草

非常的貼心

蜥蜴

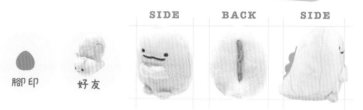

其實是倖存的恐龍。
怕被人抓，所以偽裝成蜥蜴的樣子。
對大家也緊守祕密……

| SIDE | BACK | SIDE |

腳印　　好友

想到真面目
可能曝光…
就忍不住發抖

最愛母親♥

心裡藏著祕密的好友
知道蜥蜴身世祕密的只有偽蝸牛

最喜歡吃魚

在森林裡，
以「蜥蜴」的身分生活。
也常常和角落小夥伴們
一起待在房間的角落。

祕密的
地下室
小床♪

炸蝦尾

因為太硬而被吃剩下來……
和炸豬排是心靈相通的好友。

腳印

角落好朋友
炸豬排

SIDE	BACK	SIDE

炸蝦尾的
經典推薦★

試著
裹上麵衣……

搭配小番茄

來點
炸蝦三明治吧?

和炸蝦尾
氣味相投
一拍即合♪

炸竹筴魚尾巴
因為太硬而被吃剩下來。
覺得沒被吃掉很幸運。
個性積極樂觀。

仰慕著
便當的人氣配菜
章魚熱狗

常和炸物好朋友
又是吃剩好朋友的炸豬排在一起

粉圓

奶茶先喝光，所以不好吸，
就被喝剩下來。

黑色粉圓
比一般的粉圓
個性更加彆扭

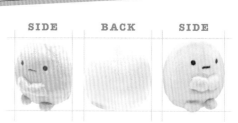

SIDE	BACK	SIDE

個性彆扭

愛亂塗鴉

滾來

滾去

面無表情…

好多好多粉圓……

珍珠奶茶
外出趣

很愛
各種模仿

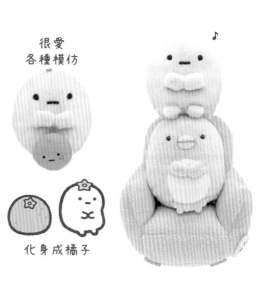

化身成橘子

SIDE　　BACK

裹布糖果

各式各樣
裹布活用法♪

打包行李

野餐墊

便當袋

裹布

白熊的行李。
常常被運用在不同用途上。

 MINIKKO **04**

SIDE　　BACK

雙腳是根
從腳吸收水分

不放棄
成為花束的
夢想！

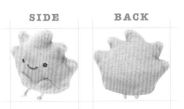

雜草
外出趣

雜草

內心擁有一個夢想，
希望有一天能被製作成嚮往的
花束，是積極小草。

曾被
沒睡醒的貓
當成貓草
咬了一口……

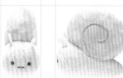

FRONT　SIDE

常常背著
不是殼的東西

說了謊
心裡有些過意不去……

偽蝸牛糖果

蘑菇
住在森林裡的蘑菇。
一直很在意自己的蕈傘太小
所以戴了一個大蕈傘在頭上。

偽蝸牛

嚮往成為蝸牛，
背著外殼的蛞蝓。
其實角落小夥伴們
已經發現牠是蛞蝓。

彼此相似
變成好朋友。

SIDE　BACK

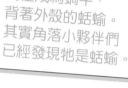

待在垃圾桶很安心？

分裂會變小
聚在一起
會變大

飛塵

角落
小夥伴

常常聚集在角落，
無憂無慮的一群。

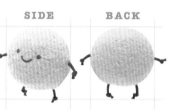

棉花
只會被使用在重要的絨毛娃娃裡
特別的棉花。

SIDE　　BACK

偷啄一口
炸豬排的
麵衣……

忍不住

冬季的麻雀

盯～

對裹布裡面
裝著什麼
好像很好奇……

麻雀

普通的麻雀。
對炸豬排很感興趣，
常來偷啄一口。

啪答啪答

跳到
那附近去了

SIDE　　BACK

歡迎光臨……

愛上老闆的咖啡
所以開始
在咖啡廳打工。

幽靈

住在閣樓的角落裡。
不想嚇到人，所以躲躲藏藏著。

喜歡有趣的事物
打開嘴巴怕會嚇到人
所以盡可能
閉緊嘴巴。

咖啡豆老闆
角落咖啡廳的老闆。
沉默寡言。

13

SIDE　　　BACK

冬季的貓頭鷹

貓頭鷹

雖然是夜行性動物，
但為了可以常常見到好朋友麻雀，
努力在白天保持清醒。

和麻雀
感情融洽♪

＼ 睡醒時 ／

偶爾會
睜大眼睛
據説能召來幸福

角落小小夥伴

MINIKKO

SIDE　　BACK

只要泡温泉
就會變成紅富士

元旦第一個夢裡夢見山,
會變幸福嗎?
好預兆的紅富士

沙丘
憧憬金字塔的小小沙丘。
山的朋友。

山

嚮往富士山的小山。
希望有一天
可以長大成為富士山。

從柵欄往裡偷瞄,就變成了富士山。

ETC.02

SIDE　　BACK

喀吱
喀吱

喀吱
喀吱

緊盯——

模仿
其他角落小夥伴

對地面上遇到的
角落小夥伴們
充滿好奇

鼴鼠

住在地底的角落裡。
因為上頭太喧鬧,
心生好奇而首次到地面上來。

很喜歡
紅紅的靴子

15

SIDE　BACK

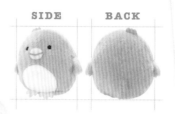

企鵝(真正的)與企鵝?

企鵝(真正的)

白熊住在北方時認識的朋友。
來自遙遠南方,
正在世界各地旅行。

個性友善,
不管是誰,都能
馬上變成好朋友。

和白熊一起聊往事

裹布(橫條紋)
企鵝(真正的)的重要行李。
裝滿了土產與回憶。

SIDE　BACK

和蜥蜴
感情融洽

玩累了,
打個盹……

蜥蜴(真正的)

蜥蜴的朋友。
是居住在森林裡的真蜥蜴。
個性不拘小節、無憂無慮。

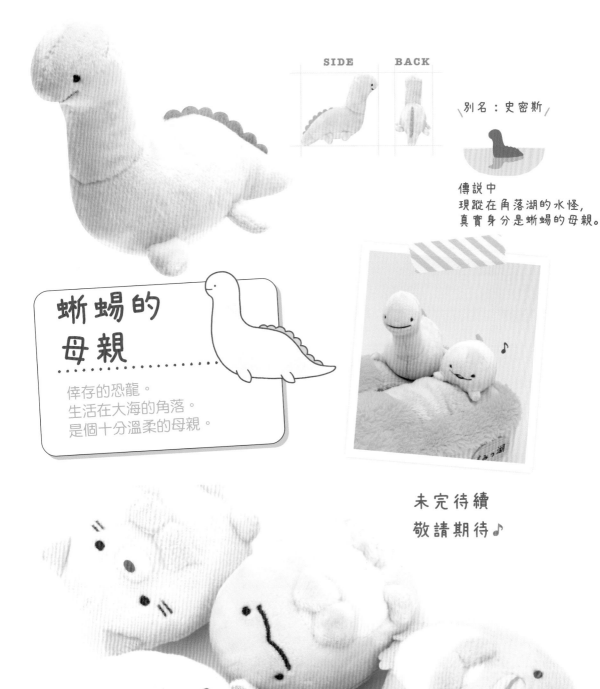

SIDE　BACK

別名：史密斯

傳説中
現蹤在角落湖的水怪，
真實身分是蜥蜴的母親。

蜥蜴的
母親

倖存的恐龍。
生活在大海的角落。
是個十分溫柔的母親。

未完待續
敬請期待♪

U kiuki 心動

出遊趣 發現好多心動場景呢★

Special
Photo shooting

與許多美麗的花相遇了

大家一起玩　好開心唷。

Minnade

大家在一起

大家一起出發尋找美味的食物。

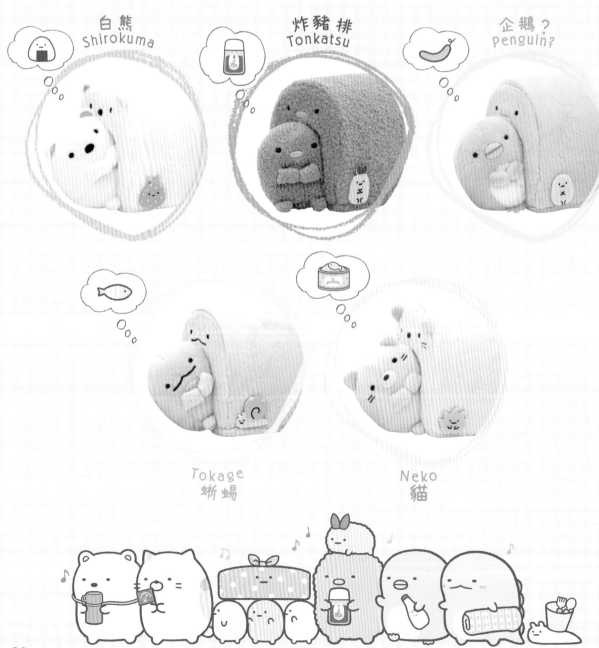

白熊
Shirokuma

炸豬排
Tonkatsu

企鵝？
penguin?

Tokage
蜥蜴

Neko
貓

發現
熱騰騰的
麵包呢。

可以外帶喔 ★

要不要來杯紅茶?

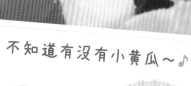

不知道有沒有小黃瓜~♪

有好多美味的食物！

一起躲到
外帶紙袋的
角落去……

發現營養三明治！

謝謝招待♪

角落掌心絨毛布偶大集合專訪 上集

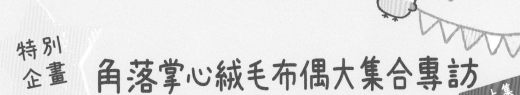

為各位帶來角落小夥伴掌心絨毛布偶大集合
製作小組6人的專訪上篇。
從品項誕生到製作祕辛……等等，聊了許多。

為各位介紹參加專訪的角落小夥伴的每一位重要成員

橫溝由里 老師
「角落小夥伴」的作者！

川﨑 老師
自掌心絨毛布偶初期
設計起草的主要企畫者。
（非常值得信賴！）

西田 老師
「角落小夥伴」誕生時的
初代企畫。催生出爆紅
掌心絨毛布偶的大家長。

白麻糬 老師
「角落小夥伴」的
總監兼設計師。
偶爾也會畫畫設計圖。

酒田 老師
創意滿滿。
充滿元氣的年輕企畫者！

酪梨 老師
2018年底加入工作群組。
角落大集合的專屬設計師。
負責設計圖及校對。

角落大集合製作小組6名成員專訪。從品項誕生聊到製作祕辛，還談到了未來展望。

——謝謝大家聚集在一起。這次想要請教各位關於「角落大集合」誕生的故事。

川崎
以「角落小夥伴」主題系列為基礎，應該是從開發周邊商品時，為置物架、面紙盒套加上掌心絨毛布偶開始的。把2個單品加在一起，發現「咦～好像滿好玩的呢」，成為這個企畫發展的契機。

置物架絨毛布偶。
沙發很溫暖！

西田
「角落小夥伴」有很多角色，總是會聯想起大家一群人在一起。所以通常不會製作大尺寸的絨毛布偶，而是製作成小巧可愛又容易收集的尺寸……想著要製作能放在手上的絨毛布偶，就是發展這個企畫的起點。

——還記得第一次看到掌心絨毛布偶的打樣品時的感想嗎？

橫溝
一開始根本沒想到能成功完成，因為製作小尺寸的絨毛布偶是很困難的。角落小夥伴們的外形是豆狀，掌心絨毛布偶一開始也打算做成豆狀。但絨毛布偶的中央容易產生凹痕，所以失敗了。把形狀改成蛋型，就變得可愛多了。

橫溝老師收藏的初代掌心絨毛布偶打樣品照！

西田
對角色而言，絨毛布偶要做得可愛很重要，所以一定要慎重。當時「貓瓶」很流行，將掌心絨毛布偶放進貓瓶裡展示，看起來像糖果餅乾一樣，應該會更加可愛吧？所以初期是放在貓瓶裡販售的。

——隨著家具、場景絨毛布偶等等各式各樣的角落大集合開賣。發想點子的方向，從一開始到現在有沒有什麼不一樣？

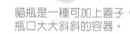
貓瓶是一種可加上蓋子，瓶口大大斜斜的容器。

西田
以前都是從設計主題為發想源頭，但是當角落大集合自成一格後，點子就源源不絕了。

川崎
一開始是看著橫溝老師的繪本《角落小夥伴的生活：這裡讓人好安心》，開始摸索「這個好像可以做做看喔」。

西田
最早的家具款掌心絨毛布偶是「暖呼呼泡湯」設計主題的泡澡桶。無論如何都想將掌心絨毛布偶放入泡湯桶，所以提出「要不要單賣泡湯桶呢？」的建議……當時可是遭遇排山倒海的

角落大集合小組
角落紀實寫真

選自角落大集合小組的照片相簿
加上說明與各位分享！

photo by 橫溝由里老師

蒐集了所有角落大集合擺設在自己家裡。
試著讓角落小夥伴們試穿各種小配件，
常常會有新發現，
例如，這頂帽子意外的非常適合……
雙胞胎打扮好可愛啊～等等♪

photo by 川崎老師

photo by 西田老師

邊嘟囔著「不要吃剩喔……」邊盯著。
和食物一起拍的話，
炸豬排特別顯眼呢。
圓圓的雙眼好像在訴說著什麼
會這麼想的只有我嗎……？
邊這麼想著，邊拍下了這張照片。

第一次去紐約。起飛前替蜥蜴拍張照。

反對（笑）。但是，一心一意「好想好想把掌心絨毛布偶放進泡湯桶裡玩！」的念頭實在太強大，最終將企畫強行硬闖過關。

暖呼呼泡湯設計主題的掌心絨毛布偶。泡湯桶與泡在桶子裡的掌心絨毛布偶・貓。

 白麻糬

第一代企畫西田老師非常擅長推動全新企畫，而且擁有強大的意志，簡直是絨毛布偶革命家呢！

橫溝

泡澡桶絨毛布偶真的很棒呢！

 川崎

真的做得很好呢……！（一起笑）

──有沒有像西田老師的泡湯桶那樣，「說什麼都想做出來！」的點子呢？

 白麻糬

想要做更多的服裝，例如各式制服，然後希望有一天能做出一個大城市！像是角落大集合城、角落大集合4層樓房，好像會很有趣。

 橫溝

我也覺得樓房的點子很好。如果可以把所有出現過的角落掌心絨毛布偶都擺出來，放在大樓或屋子裡，一定很好玩。角落大集合每個都讓人愛不釋手，全都想一次擁有，但是現在只能讓它們都待在箱子裡……真想拿出來好好展示！

 酒田

我是在西田與川崎老師建立了基礎之後，才加入團隊，所以開創出更多的新產品成為我的重要課題。因為很喜歡想像如何能讓角落小夥伴們齊聚一堂熱鬧歡聚，而創作出了角落小鎮……創造有著各種遊樂設施的公園。

酪梨

我也參與了角落小鎮。因為已經有車子了，如果做出有紅綠燈的道路，整體就更真實。想要製作更多真實感更強的單品呢。

能做出不管男生女生都想玩的單品，說不定會更有趣。

角落小夥伴 3 周年的
掌心絨毛布偶（迷你卡車）♪

西田

偏向角落小夥伴世界的單品很可愛，但偏向人類世界的單品，彷彿會出現在自己日常的東西，也十分受歡迎。是因為真實感十足吧？

酒田

還有棉被呢。

川崎

這也是西田說想做的吧？

西田

是的。《角落小夥伴：這裡讓人好安心》的名場景之一，也想讓掌心絨毛布偶能夠好好睡一覺。

川崎

男生評價極好的是小屋系列的帳篷。其實想做帳篷是男性主管提出的建議喔。當時他提出：「做個能開能關的帳篷如何？」和以往製作的小屋氛圍不同，心想著不知成果如何～？事後得到非常好的評價。

角落小夥伴的小屋・帳篷。
門可以打開或關起來喔★

特別企畫①　Part★2

角落大集合小組
角落紀實寫真

選自角落大集合小組的照片相簿
加上說明與各位分享！

大家一起去露營。

photo by 白麻糬老師

photo by 酒田老師

因為角落大集合相關的工作需要，出差去越南時拍攝的照片。
「掌心絨毛布偶可以和很多不同的事物搭配是非常棒的尺寸呢～」邊這麼想著，邊拍下這張照片。
不只日本適合，在海外也很合適，角落小夥伴的可愛無國界～！

photo by 酪梨老師

加班中，從桌子角落出現，來幫我完成工作……如果是真的就好了想著想著，就拍下了這張照片。

橫溝

是大家一起躺進大棉被裡睡覺那個吧。

川﨑

絨毛布偶……會想讓他們一起睡吧？

一同

我懂～！！

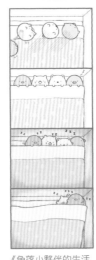
睡覺

酒田

出遊趣角落小夥伴也出現過被窩，與泡湯桶一樣，在企畫階段並未獲得好評。畢竟抱著棉被走來走去，這個想法太過新穎（一起笑出聲）。但是繼承西田，發揮洪荒之力硬推……成功完成了商品化。真的太喜歡了！

《角落小夥伴的生活 這裡讓人好安心》 p.13

出遊趣角落小夥伴被窩

——各位，角落大集合的點子都在什麼時候浮現出來呢？

川﨑

想要做的願望清單很長，決定製作主題時，會想：「這次就做這個吧！」

酒田

每天看著角落小夥伴的臉，只要腦中一浮現什麼新點子，就會立刻記在筆記本裡。企畫會議時，就會想起，對了！那個點子可能可以用得上！

川﨑

之後就是依照主題，決定以誰為主，依照每個角色的世界觀逐步製作。舉剛剛提過的公園為例，各個角色各會怎麼玩。哪些是必要的呢？衣服要怎麼設計才好呢？考慮的範圍很廣。

西田

一有點子浮現，我常會嘗試拍攝照片呢。但是拍照時，常常是沒有背景的，

讓我十分在意。好想要做些可以有成為背景的東西啊……這個想法最後催生出了絨毛布偶繪本喔。

酒田

絨毛布偶繪本不只是背景，還有場景，可以有多重玩法。

請注意場景 絨毛布偶繪本（時尚角落小夥伴）★

西田

絨毛布偶繪本靜靜放著，就像是一本普通的書，這是重點。一般來說，商品都會掛上吊卡，為了更像一本書，所以捨棄了吊卡改放書腰。希望掌心絨毛布偶能有更多玩法，所以日後也會繼續推出新的單品組合，敬請期待。

這是書腰

——關於角落大集合，請談談有什麼開心或驚訝的事情。

西田

到店裡，聽到「好可愛！」的迴響，看到不管有多少掌心絨毛布偶都會想帶回家以及盡情挑選的熱情，真的很讓人開心。

白麻糬

看到有人在出遊趣絨毛布偶加上掌心絨毛布偶，掛在包包上時，「把它帶出來了！」就覺得好感動。

橫溝

出遊趣角落小夥伴問市後，把角落精選單品帶出門的人越來越多。活動時也常看到，每次看到都很開心。

專訪後續請見第38頁♪

悄悄潛入
角落大集合製作工廠！

一起悄悄潛入製作角落小夥伴掌心絨毛布偶
各式品項的海外工廠吧！
經過許多人的接力才能順利完成的角落大集合
充滿了好多的愛喔♪

\嗜一啦/

寬大的廠區裡製作出許多角落大集合單品喔★

角落小屋
製作中。

屋頂上的樹一個一個
仔細的縫上。

全部配件都縫好後
最後的總檢查。

大家都很認真的仔細檢查
有沒有瑕疵。

沒問題的成品
就可以裝箱排排站了。

發現
剛縫好的
沙發♪

這裡是
絨毛布偶繪本

這裡是絨毛布偶繪本完成後的檢查。
絨毛布偶繪本的折疊
是檢查的重點。

掌心絨毛布偶
品檢中★

掌心絨毛布偶・炸豬排正在品檢中。
大家排排站，好好檢查。

每個角色都各自排排站
準備檢查。

品檢時和掌心絨毛布偶
一樣排排站等檢查。

滾來
滾去

滾來滾去的是
炸蝦尾★

完成★

品檢結束後
絨毛布偶繪本排長龍！

謝謝工廠的各位協助採訪！

Issho ★ 一起

角落小夥伴們一起挑戰各種不同話題的穿搭!?

SUMIKKOGURASHI COLLECTION

☑ 白熊　　　☑ 企鵝?　　☑ 炸豬排
☑ 貓　　☑ 蜥蜴

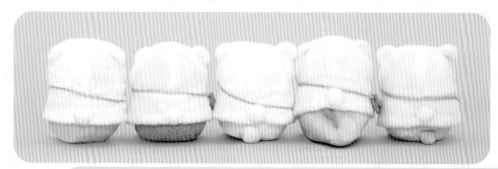

  認得出來誰是誰嗎？

耶~!

 ➡ 大家一起打扮好了！應該出去走走吧 ★

Kawaii

好可愛

角落小夥伴變裝打扮，參加夢想中的甜點派對～

快樂的時光　總是過得特別快呢。

角落掌心絨毛布偶大集合專訪

下集

為各位帶來角落小夥伴掌心絨毛布偶大集合
製作小組6人的專訪下集。
令人在意的角落大集合未來會如何發展呢？

專訪上集請從第25頁開始閱讀♪

──日本 2018 年 12 月舉辦了「角落小夥伴檢定」，規定考生都要帶一隻掌心絨毛布偶入考場，很創新呢。

横溝
檢定考時，我去現場看了一下。當然看到許多不同的角色，也看到許多人帶著早期掌心絨毛布偶來參加，心裡滿滿的感激。

發現好多角色呢

──未來角落大集合為了開拓更多方向，似乎少不了要和各種不同的藝術類型聯名。

白麻糬
我想和服裝店聯名，製作角落大集合各種款式的服裝。

川崎
布料面積有點小呢（一起笑）。

西田
我想和豬排店聯名。

 待補
横溝
我也是！想了好久了。

西田
角落小夥伴們與食物相關的孩子很多，所以想試試看和食物類的聯名。

──「要吃得乾乾淨淨喔」是很好的提醒。

白麻糬
或許與聯名無關，日後也想要嘗試很多不同的活動。每個角色的個性都各有特色，可以創造很多有趣的企畫，例如粉圓和奶茶聯名。

酒田
個人覺得角落小夥伴的臉很日本風，做成忍者或主公大人吸引外國遊客，好像也很可愛吧！角落小屋如果有日本古城也不錯呢。

白麻糬
頭盔之類的，放在角落大集合裡的確很新鮮？也許可以玩戰爭遊戲。

酪梨
好像會變成大家互相禮讓的戰爭遊戲（笑）。

西田
互相禮讓領地，但角落可是寸土不讓。

横溝
取得角落之戰。

酒田
（拿出筆記本和筆）我要趕快記下來！

──像這樣和各位一起熱烈的討論，感覺角落大集合好像即將很快就會誕生新企畫了。

横溝

討論越熱烈，點子越多。

西田

角落小夥伴的會議總是笑聲不斷呢。尊重每個人的點子，再把它一個個放大，是角落小組最棒的一點。

——製作方面認為角落大集合的魅力是什麼呢？

川崎

容易親近、充滿溫暖吧。

西田

角落大集合全以絨毛布偶製作，具有一致性，是角落大集合的魅力所在。每一天都在挑戰絨毛布偶的極限！

酒田

去越南工廠時，被告知「用絨毛布偶做了人型台！」（笑）。

川崎

還有，不只表面看到的地方，連內側也很用心，是角落大集合的隱藏趣味。

橫溝

好多地方都想加入飛塵喔（笑）。

\ 發現飛塵！/

掌心絨毛布偶·沙發底有……♪

白麻糬

想要蒐集所有好朋友，尺寸也十分的吸引人。

酪梨

尺寸很方便帶出門，放在包包裡也不太占空間。

特別企畫③

角落大集合單品
設計草圖大公開！

特別為大家獻上
設計師們製作角落大集合
初期階段的設計草圖★

【初代·掌心絨毛布偶】
專訪時也出現過，掌心絨毛布偶初期試作的照片記錄。初期照片中，造型都是豆型的。
（現在是蛋型的喔♪請和手邊的掌心絨毛布偶比較看看吧！）

【變裝角落小夥伴套組】
設計草圖已經精準傳達出各式可愛的服裝。
布料種類、設計細節都寫得清清楚楚。

【絨毛布偶立體繪本】
不僅是房間的設計，掌心絨毛布偶的姿勢、裝飾品，
在設計草圖階段就已經設定得一清二楚！

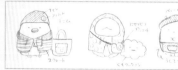

──喜歡角落大集合的人一定都深有同感。那麼請各位給期待角落大集合的粉絲們一句話。

白麻糬
角落大集合有各式各樣的服裝或小屋，可以自由搭配組合。帶著自己喜愛的組合一起外出拍照吧！

酒田
2019年第一次推出以角落大集合單品為主的活動「角落小夥伴掌心絨毛布偶大集合快閃店」開幕了。未來會和大家再一起企畫出更多的活動。

橫溝
角落大集合已經推出過許多產品，限定版商品也出乎意料的多……希望大家都能珍惜和角落小夥伴的相遇，因為翻開這本書的型錄，應該就會發現沒蒐集到的單品很~多。

白麻糬
因為幾乎不會再版，所以看到了如果不買，日後一定會後悔「早知道當時應該要買」喔~（笑）。

橫溝
我也有沒蒐集到的單品，十分後悔。現在擁有的角落大集合，將來一定會是很重要的單品……（一起笑）。限量也是魅力的一部分吧。

西田
未來會有更多可愛的角落大集合，希望大家能持續關愛。讓角落小夥伴隨時與您相伴，讓角落大集合隨時與您同在。

酪梨
對於還不認識「角落小夥伴掌心絨毛布偶大集合」的人們，希望能增加更多認識角落大集合的機會，也希望大家幫忙一起推廣。希望能盡快舉辦可以交流的活動啊。

川﨑
我們會繼續製作更優質的產品，也希望能把商品送到大家更容易接觸到的地方販售，今後角落大集合會繼續增加展示銷售的地點。敬請期待。

非常感恩，謝謝大家♪

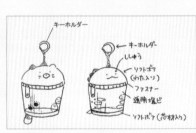

【外出趣角落小夥伴（杯子‧貓／杯子‧蜥蜴）】
設計圖上清楚標示著材質。貓和蜥蜴的手繪設計圖好可愛！

【角落大集合手提包】
可放許多掌心絨毛布偶、絨毛布偶吊飾的手提包。
背帶可以拿下來的兩用設計及尺寸是設計重點☆

【場景掌心絨毛布偶（吊床）】
手繪設計圖上可以清楚看到停在蘋果樹上的麻雀♪
吊床可以拿下來，使用在其他場景喔。

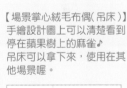

角落大集合小組的
回憶角落大集合

跟大家分享一下
目前為止製作過的角落掌心絨毛布偶中
印象特別深刻的單品。

\ 川﨑 老師 /

角落小夥伴換裝套組的小配件

接近縮小版實物的角落大集合
小物是必要的。
但是，越小的東西做起來越困難。
但無論如何都想要在衣服上加些小配件，
搭配成角落小夥伴變裝系列，
還特別加上了
書本、抱枕、包袋或粉撲等等(笑)。
為了讓角落大集合的世界觀更寬廣，
今後將繼續製作小配件，成為角落大集合的核心。

\ 橫溝 老師 /

「蜥蜴和母親」設計主題
掌心絨毛布偶

為了製作掌心絨毛布偶，
一開始就希望能選擇軟蓬的材質，
但是當時找材料不知為何總不太順利。
過了好幾年，終於找到軟蓬又可愛的材質，
完成掌心絨毛布偶。
能夠實現這個企畫，真的很開心。
謝謝許多夥伴的協助，由衷感謝。
當時我想，這就是絨毛布偶世界的革命。

\ 西田 老師 /

拉拉熊專賣店‧Plus RARAPOUTO富士見店限定
掌心絨毛布偶套組

由埼玉發想的角落小夥伴是很可愛的掌心絨毛布偶。
說到埼玉會想到什麼呢？
當時可是很讓我們苦惱(笑)。
我最喜歡的就是埼玉超級競技場，
以樂在現場演出為形象，設計出粉圓的造型。
角落小夥伴自初登場以來邁入第3年。
不再只存在拉拉熊專賣店裡的一角，
回想角落小夥伴專賣店成立時，
感動至今仍難以忘懷。

\ 白麻糬 老師 /
日式棉被(咖哩)

本來只是尋常的日式棉被系列
思考著炸豬排的棉被時，
想到咖哩棉被中
躺進掌心絨毛布偶的炸豬排的話，
應該會讓人覺得是好豪華的炸豬排咖哩啊！。
因為太可愛，讓人更喜愛。

\ 酒田 老師 /
「企鵝冰淇淋」設計主題
主題場景絨毛布偶(餐車)

新人時期，催生出了吊床或學校等不同的形狀(笑)
單品
在摸索「角落大集合是什麼……?」時，
這台餐車不知為何浮現腦海
「可愛就是這樣吧！」。
這是我終於領會角落大集合企畫樂趣的關鍵，
而做下的選擇。
角落掌心絨毛布偶大集合好快樂～～！

\ 酪梨 老師 /
角落小夥伴Collection POP UP SHOP限定
角落小屋床組

能自由收放的紗帳是重點，
但是打樣時卻一直做不好，
來來回回了好多次才完成。
一開始紗帳是用繩子打結的，
最後為了讓年幼的孩子也能玩，
款式改成以鈕釦和彈性繩固定紗帳。
角落大集合的製作細節連使用的方便性，
都十分認真對待。

紗帳放下來的感
覺是這樣♪

Kisetsu 季節

與角落小夥伴一起度過春夏秋冬

-Spring-

-Summer-

-Autumn-

-Winter-

春
-Spring-

在温暖的陽光下散步時 遇見了美麗的花朵呢。

夏
-Summer-

炎炎夏日 要不要來一球企鵝冰淇淋?

萬聖節的通關密語就是「不給糖就給角落小夥伴」★☆★

\不給糖 就搗蛋/

秋
-Autumn-

47

變裝成聖誕節裝扮　大家一起去送禮物吧♪

冬
-Winter-

滿滿都是角落小夥伴大集合！

角落掌心絨毛布偶大集合型錄

你擁有哪一個呢？

掌心絨毛布偶

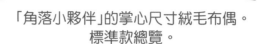

「角落小夥伴」的掌心尺寸絨毛布偶。
標準款總覽。

 白熊

企鵝?

炸豬排

貓

 蜥蜴

炸蝦尾

粉圓
（黃色）

粉圓
（粉色）

粉圓
（藍色）

黑色粉圓

 裹布

雜草

 偽蝸牛

  飛塵

麻雀

 幽靈

貓頭鷹

  山

 蜥蜴的母親

 鼴鼠

 企鵝
（真正的）

 蜥蜴
（真正的）

設計主題系列

掌心絨毛布偶、絨毛布偶繪本、主題場景絨毛布偶等等
最貼切設計主題系列設計的角落大集合一覽。

-2012年9月- 「角落小夥伴」初登場

掌心絨毛布偶

白熊　　企鵝?　　炸豬排　　貓　　粉圓　　雜草

-2013年4月- 「這裡竟然有角落小夥伴」設計主題

複合式絨毛布偶

軟綿綿沙發再現!

沙發底下
飛塵躲在角落裡!

-2013年9月- 「角落小夥伴有誰?」設計主題

掌心絨毛布偶

白熊　　企鵝?　　炸豬排　　貓　　蜥蜴　　粉圓

-2014年2月- 「心慌慌的角落小夥伴散步」設計主題

掌心絨毛布偶

企鵝?　　貓

主題場景絨毛布偶

「樹的角落也讓
人好安心」篇

背上有一片
幸運草★

雜草

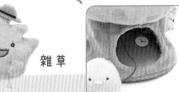

在樹洞裡……
發現飛塵!

- 2014年11月 - 「暖呼呼泡湯」設計主題

掌心絨毛布偶

泡溫泉泡得暖呼呼的
臉紅彤彤的。

貓　　　　炸豬排　　　　企鵝？　　　　白熊

主題場景絨毛布偶

山一泡溫泉
就變紅了!?

溫泉饅頭風
（黑糖口味）☆

角落小夥伴溫泉
名湯「富士見之湯」
好舒服……篇

黑色粉圓

泡澡桶
（附飛塵與粉圓）

掌心絨毛布偶
超速配★

- 2015年5月 - 「海軍扮裝遊戲」設計主題

掌心絨毛布偶

白熊　　　　企鵝？　　　　炸豬排　　　　貓

Sumikkogurashi

主題場景絨毛布偶

好緊張……
大海有角落嗎?
出航～!

粉圓
美人魚

炸蝦尾

[套組內容]
●角落小船
●掌心絨毛布偶
（粉圓船長、
船員蜥蜴）

是誰在船身上
塗鴉?

出發
前進～!

-2015年8月- 「壽司大會」設計主題

掌心絨毛布偶

白熊玉子燒握壽司　　企鵝？軍艦壽司

壽司店風?!
角落小屋

貓鮪魚　　　　　炸豬排握壽司

[套組內容]
●角落小屋
●掌心絨毛布偶
　（企鵝？師傅）
●飯桌

炸蝦尾握壽司　　　薑片&芥末

主題場景絨毛布偶

LOFT 限定

壽司保溫玻璃箱中
可以看到到處忙碌
的角落小小夥伴喔。

壽司桶絨毛布偶套組

雜草是
壽司盤上不可或缺
的那個點綴★

[套組內容]
●角落小屋
●掌心絨毛布偶
　（白熊師傅、打工中？幽靈）

角落壽司
（上等）

白熊鮪魚　　企鵝？鮭魚　　貓福袋　　蜥蜴卷壽司　　粉圓鮭魚卵

掌心絨毛布偶
可以坐上去喔！

-2015年9月- 「角落小夥伴3周年」

掌心絨毛布偶

車牌號碼是335……!?
（音同角落日文發音）

附飛塵
不織布
裝飾♪

迷你卡車

迷你拖車

迷你卡車與
迷你拖車
可以連接起來
一起玩☆

主題場景絨毛布偶

車牌是335……!?
（音同角落日文發音）

背上
也有圖樣♪

We ♥ Sumikko gurashi™
We feel same, Love the Sumikko life.

-2015年8月- We Love Sumikkogurashi 好禮特典

角落小夥伴3周年紀念！
前進日本的各個角落吧♪禮物特典景品。
透過抽獎，一共有33位幸運兒中獎。

[套組內容]
●卡車絨毛布偶
●掌心絨毛布偶
（白熊、企鵝？
炸豬排、貓）

OPEN!

旅行箱裡充滿了
許多旅行的回憶
呢！

充滿回憶的
車票！

炸豬排的背包……
炸蝦尾
探出頭來偷看♪

角落
小夥伴

和角落小夥伴一起享受旅行的樂趣吧☆

貓
被任命為這段旅程的
導遊雖然害羞，但是
很努力的為大家解說。

企鵝？
為了幫角落小夥伴
拍照，隨身
攜帶著相機。

白熊
隨時都能畫出
找到的角落圖
萬事俱備。

炸豬排
手拿寫著推薦角落地點的
「角落MAP」
情報收集中。

54

-2015年11月- 「角落咖啡廳」設計主題

掌心絨毛布偶

炸蝦三明治
（炸蝦尾）

幽靈

咖啡豆老闆

角落小夥伴

z z...

置物籃

哈密瓜汽水

鬆餅

主題場景絨毛布偶

多功能置物盤

正面

不知道是誰掉了
一塊錢銅板
閃閃發亮★

[套組內容]
●角落小夥伴咖啡店
●掌心絨毛布偶
　（白熊）
●咖啡豆老闆

背面

... 找到了

幽靈
在咖啡豆老闆的
咖啡店工作喔♪

-2016年2月- 「角落小夥伴圖鑑」設計主題

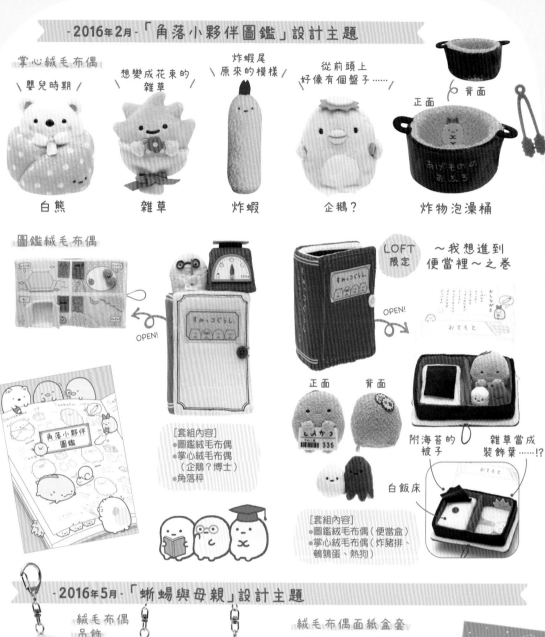

掌心絨毛布偶

\嬰兒時期/

白熊

想變成花束的雜草

雜草

炸蝦尾原來的模樣

炸蝦

從前頭上好像有個盤子……

企鵝？

背面

正面

炸物泡澡桶

圖鑑絨毛布偶

OPEN!

LOFT限定

～我想進到便當裡～之卷

OPEN!

角落小夥伴圖鑑

正面　　背面

附海苔的被子

雜草當成裝飾葉……!?

白飯床

[套組內容]
●圖鑑絨毛布偶
●掌心絨毛布偶
（企鵝？博士）
●角落秤

[套組內容]
●圖鑑絨毛布偶（便當盒）
●掌心絨毛布偶（炸豬排、鵪鶉蛋、熱狗）

-2016年5月- 「蜥蜴與母親」設計主題

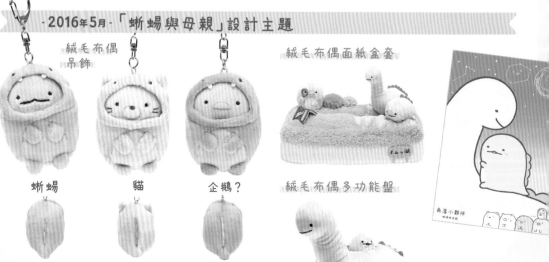

絨毛布偶吊飾

蜥蜴

貓

企鵝？

背面

背面

背面

絨毛布偶面紙盒套

絨毛布偶多功能盤

角落小夥伴

-2016年8月-「角落駄菓子屋」設計主題

角落小屋

[套組內容]
● 角落小屋
● 掌心絨毛布偶
（貓婆婆）
● 貨架

到貓婆婆的
駄菓子店的角落
集合！

掌心絨毛布偶

企鵝？
哈密瓜冰　　貓鈴鐺型
蜂蜜蛋糕　　偽蝸牛棒棒糖　　炸豬排邊邊　　蜥蜴優格

裹布糖果

掌心絨毛布偶 套組（共2種）

拉拉熊專賣店×
Kiddy land
限定

企鵝？優格　　　　蜥蜴巧克力環　白熊棉花糖

白熊
棉花糖

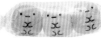

粉圓糖

粉圓糖（黑色粉圓混在裡面）

掌心絨毛布偶

白熊

貓

企鵝？

蜥蜴

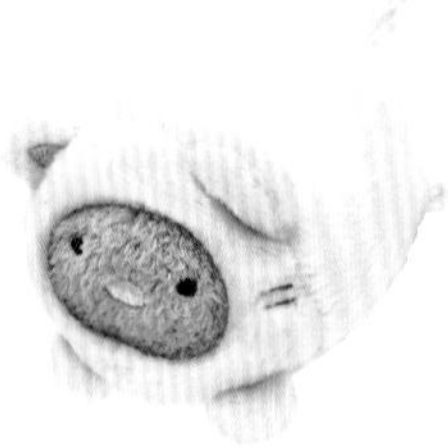

炸豬排

炸蝦尾

粉圓（灰色）

粉圓（三花）

幽靈

飛塵

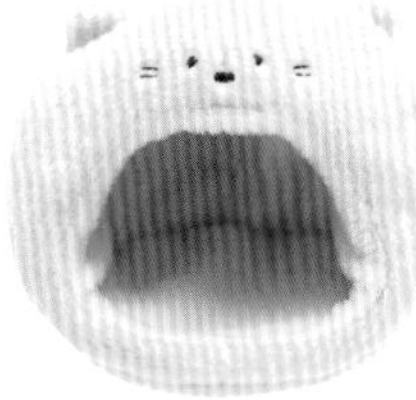

貓屋

貓籃

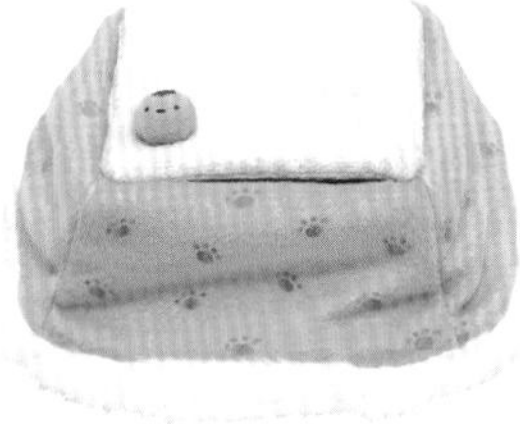

暖桌

死守暖桌！

角落小野伴shop
拉拉熊專賣店
Kiddy land
限定

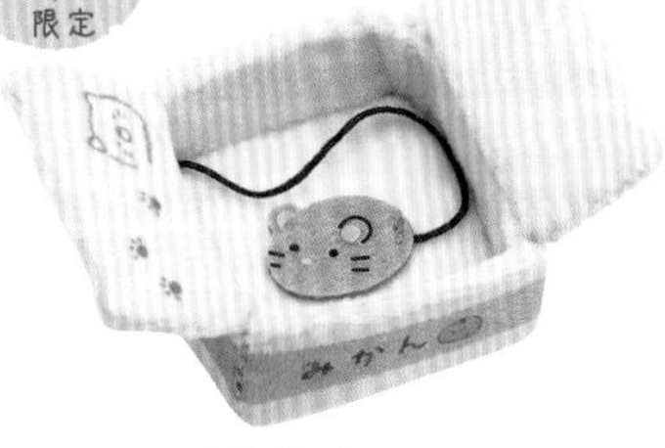

蜜柑箱

角落小屋

蜜柑

[套組內容]
●角落小屋
●掌心絨毛布偶（貓）

在角落
變裝成貓咪
大家都暖烘烘的。

喵─

-2017年2月-「角落小夥伴的便當」設計主題

掌心絨毛布偶

玉子燒
（白熊）

飯糰
（蜥蜴）

裹布

SUMIKKOGURASHI

炸蝦
（炸蝦尾）

章魚熱狗

多功能平底鍋絨毛布偶

全員集合在
平底鍋裡！

附鍋鏟！

平底鍋

炸
豬
排

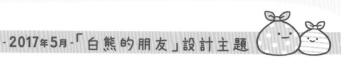

掌心絨毛布偶

白熊企鵝　　　企鵝？　　　貓 海豹

角落小屋

蜥蜴企鵝　　　企鵝（真正的）　　炸豬排海象

[套組內容]
●冰屋
●掌心絨毛布偶（白熊、企鵝（真正的））
●企鵝（真正的）的斗篷
●粉紅色的斗篷

掌心絨毛布偶

白熊
〈旅行裝扮〉

企鵝？
〈機長〉

炸豬排
〈旅行裝扮〉

背起背包
準備萬無一失♪

角落小夥伴
shop
限定

貓〈導遊〉　　蜥蜴〈導遊〉　　沙丘　　　蜥蜴〈女神〉

- 2017年9月 - 「角落小夥伴5周年」

掌心絨毛布偶

角落小夥伴特展限定

炸蝦尾

幽靈

蛋糕

籃子

5th ANNIVERSARY
すみっコぐらし 角落小夥伴

雲

＼完全就像
坐在雲裡面♪

角落小夥伴特展限定

角落神
角落小夥伴的神。
總是在某處守護著
角落小夥伴們。
據說每5年會現身1次。

角落小夥伴特展限定

主題場景絨毛布偶

變幻自由的
金色夾子！

大家一起
開派對♪

角落小夥伴變裝 套組（派對）

[套組內容]
●場景絨毛布偶
●掌心絨毛布偶（貓）

穿起來
是這個樣子的♪

上方的奶油
變成蓋子囉♪

5周年限定慶賀絨毛布偶

大家一起
打上藍色領結★

San-X
網路商店
限定

[套組內容]
●5周年慶賀蛋糕絨毛布偶
●掌心絨毛布偶
（白熊、企鵝？、炸豬排、
貓、蜥蜴、炸蝦尾）

很多地方
都有角落小夥伴……！

掌心絨毛布偶

白熊　　　　蜥蜴　　　　貓　　　蜥蜴(真正的)

可以放進
1個掌心
絨毛布偶喔

蘋果小屋　　　蘑菇　　　橡果小屋　　　樹・草

絨毛布偶多功能盤

冬天的
麻雀&貓頭鷹與
蛋。

[套組內容]
●角落小夥伴的鳥巢
●掌心絨毛布偶
　(麻雀、貓頭鷹)
●蛋

角落小夥伴變裝 套組

斗篷(麻雀)　　　斗篷(貓頭鷹)

角落小夥伴變裝 豪華套組

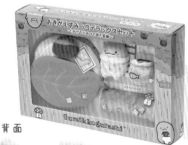

蜥蜴的家
祕密地下室★

[套組內容]
●恐龍的睡衣(帽子・衣服)
●掌心絨毛布偶(蜥蜴)
●蜥蜴的魚缸
●樹墩床
●圓木椅

背面

發現
母親的照片!

角落小屋

[套組內容]
●角落小屋
●掌心絨毛布偶(蜥蜴)

Kiddy land&角落小夥伴shop 去蜥蜴家玩。特典

掌心絨毛布偶 變裝成橡果★

粉圓（粉圓橡果）

蘑菇被窩

出遊趣角落小夥伴

樹屋

新奇小物

角落小夥伴 shop 限定

可以玩開電車 遊戲喔♪

草

鼴鼠 也很喜歡

炸蝦尾

蜥蜴居住的 森林裡。 大家一起融洽的 玩樂著★

掌心絨毛布偶

貓
（身穿體育服裝跳繩）

企鵝？
（附抹布）

炸豬排
（模仿炸麵包）

室內鞋裡面……
飛塵被踩扁
在裡面！

蜥蜴
（模仿教授）

板擦

室內鞋

桌子與椅子
套組

白熊

貓

主題場景絨毛布偶

置物櫃的門
打開囉！

「角落小夥伴讀書趣」
設計主題

[套組內容]
●角落小屋（學校）
●掌心絨毛布偶（白熊）

坐在椅子上
讀書前的準備
完備♪

與掌心絨毛布偶
合在一起
熱鬧不已的學校
讓學習更快樂了呢！

-2018年5月- 「企鵝冰淇淋」設計主題

掌心絨毛布偶

白熊　　　　　　企鵝?　　　　　　蜥蜴

角落小夥伴
shop
限定

企鵝(真正的)　　冰淇淋杯　　　冰淇淋小屋　　　　　貓

主題場景絨毛布偶

附上
掌心絨毛布偶
可以拿的
冰淇淋吊飾♪

可以放上
掌心絨毛布偶♪

冰淇淋椅子

側面

前面

[套組內容]
●場景絨毛布偶(餐車)
●冰淇淋吊飾

餐車裡
貼著菜單呢。
推薦各位的是
最適合夏天的
哈密瓜口味♪

企鵝(真正的)
夢想的冰淇淋店!

給我一樣的

-2018年8月- 「炸蝦尾的外出趣」設計主題

掌心絨毛布偶

附番茄與
飯糰吊飾★

炸蝦尾

背著
檸檬呢♪

炸竹筴魚尾巴

角落超市的購物袋

在內側
發現飛塵！

白熊
（主婦）

炸豬排
（炸物店 老闆）

蜥蜴
（魚店 老闆）

推車

大家一起
去購物♪

角落小夥伴
shop
限定

角落小夥伴
shop
限定

抱緊～～～

絨毛布偶
面紙盒套

[套組內容]
●炸蝦尾抱枕
●炸蝦尾

蛋包飯被窩

角落小夥伴變裝 套組

角落小屋

炸豬排
有角落小屋的
同款式
T恤★

[套組內容]
●炸蝦尾的睡袋
●麵包粉
●番茄

炸蝦尾的睡袋

炸蝦尾

[套組內容]
●角落小屋
●掌心絨毛布偶
（炸蝦尾）

-2018年11月-「白熊的手工絨毛娃娃」設計主題

掌心絨毛布偶

白熊　企鵝?　炸豬排　貓　蜥蜴

角落小夥伴shop限定　角落小夥伴shop Kiddy land限定　附飛塵!

炸蝦尾　蜥蜴　棉花

角落小屋

絨毛布偶立體繪本

OPEN!

[套組內容]
●角落小屋
●掌心絨毛布偶（白熊）

[套組內容]
●掌心絨毛布偶繪本（時尚角落小夥伴）
●粉圓人型台

魔法棒吊飾

掌心絨毛布偶可以拿著也可以當成鑰匙圈喔★

出遊趣角落小夥伴
可以把喜歡的掌心絨毛布偶放進去玩喔。

角落小夥伴shop Kiddy land限定

禮物盒

白熊的線♪

掌心絨毛布偶

\變裝成小花♪

貓　　貓（灰色）　　貓（虎斑）　　粉圓　　炸蝦尾

絨毛布偶多功能盤

變身成蜜蜂★
背上有翅膀

貓家族
（小貓的時候）

小貓時
大家都很瘦。

絨毛布偶立體繪本

OPEN!

[套組內容]
●掌心絨毛布偶繪本（菜花田）
●掌心絨毛布偶（蜥蜴）
●花藍

角落小夥伴變裝 套組

角落小夥伴
shop
限定

[套組內容]
●貓的斗篷
●肉球抱枕

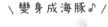

-2019年5月-「角落小夥伴與海洋角落小夥伴」設計主題

掌心絨毛布偶
\變身成海豹♪/

白熊

\變身成海豚♪/

企鵝？

\變身成鯨鯊♪/

蜥蜴

側面

角落小夥伴
shop
限定

花園鰻
（粉圓）

海龜

小丑魚

海貓

水母

刺魨

出遊趣角落小夥伴

附海星？吊飾！

水母的屋子

在海洋的角落
漂來漂去的
水母小屋★

すみっコショー

角落小屋

\變身成海獺♪/

絨毛布偶立體繪本

角落小夥伴
shop
限定

[套組內容]
●掌心絨毛布偶繪本
●掌心絨毛布偶（粉圓海豚）
●吊球

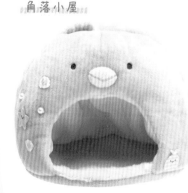

角落小夥伴
shop
限定

掌心絨毛布偶
套組
海葵
＆水母

[套組內容]
●企鵝（真正的）的小屋
●掌心絨毛布偶
　（炸豬排、炸蝦尾）
●海星？的迷你抱枕

開運系列

炸豬排與炸蝦尾組成的炸物雙人組好運旺旺來!?
開運能量櫻花樹與角落小屋也好可愛喔。

·2015年12月· 「好運旺旺角落神社」設計主題

主題場景絨毛布偶

神社的角落是
能量熱點!

[套組內容]
●角落神社
●掌心絨毛布偶
（豚仙）

掌心絨毛布偶

炸豬排
（豬排神官）

炸蝦尾
（蝦巫女）

·2016年12月· 「好運旺旺角落神社」設計主題

主題場景絨毛布偶

牆壁上
有繪馬★

＼底下還有一個＼
可以放錢、籤
或彩券的口袋!

[套組內容]
●角落神社
●掌心絨毛布偶
（蝦仙女）

掌心絨毛布偶

＼背面有刺繡♪

背面

炸豬排
（豬排不倒翁）

炸蝦尾
（炸蝦不倒翁）

·2017年12月·
「櫻花盛開開運祭」設計主題

主題場景絨毛布偶

一身賞花裝扮的貓
＼比起花,好像更愛糯米糰子!?

[套組內容]
●開運角落櫻花樹
●掌心絨毛布偶（貓）

·2018年12月·
「名產!角落小夥伴大福」設計主題

角落小屋

上面有福字
＼刺繡!

和風角落小屋

[套組內容]
●角落小屋
●銅鑼燒貓大福絨毛布偶

新年系列

用不同造型迎接新年
角落小夥伴們似乎都樂在其中★

·2016年· 雞年·新年

主題場景絨毛布偶

╲ 和服很帥！   和服很美★ ╱

企鵝？   貓

·2017年· 掌心絨毛布偶 新年ver. 生肖（狗年）

掌心絨毛布偶

白熊	企鵝？	炸豬排	貓	蜥蜴	炸蝦尾
（貴賓犬）	（米克斯？）	（貴賓犬）	（柴犬）	（米克斯）	（貴賓犬）

·2018年· 掌心絨毛布偶 新年ver. 生肖（豬年）

掌心絨毛布偶

白熊	企鵝？	炸豬排	貓	蜥蜴	山
（鏡餅）	（豬年）	（豬年）	（招財貓）	（豬年）	（紅富士）

大家一起變裝慶祝萬聖節♪
不給糖的話,角落小夥伴說不定會來搗蛋喔?

- 2016年 -

特別版角落城堡

萬聖節版本

San-X
網路商店
限定

角落城堡裡
有好多變裝的
角落小夥伴
正樂在其中★

前面　　側面

[套組內容]
●特別版角落城堡
●掌心絨毛布偶
　(白熊、企鵝?、炸豬排、貓、
　蜥蜴、幽靈)

白熊　　　　企鵝?　　　　炸豬排

貓　　　　　蜥蜴　　　　　幽靈

- 2017年 -

主題場景絨毛布偶

萬聖節
版本

San-X
網路商店
限定

[套組內容]
●南瓜
●不會關上的棺木
●掌心絨毛布偶
　(白熊、蜥蜴)

躺進去囉♪＼／棺木裡發現了＼
　　　　　　　幽靈!

白熊　　　　蜥蜴

-2018年-

萬聖節絨毛布偶

南瓜小屋上
出現鬼臉★

炸豬排　　　企鵝？

←　屋子上長出惡魔的翅膀
但其實是糖果做的小屋。

San-X
網路商店
搶先預購

[套組內容]
●南瓜小屋絨毛布偶
●糖果小屋絨毛布偶
●掌心絨毛布偶
　（企鵝？、炸豬排、
　蜥蜴、粉圓）

蜥蜴　　　　粉圓

-2018年- 角落大精選 萬聖節ver.

掌心絨毛布偶

出遊趣角落小夥伴

\ 南瓜斗篷 /　　\ 黑貓的斗篷 /

\ 南瓜置物籃 /

白熊　　　　貓　　　　　南瓜

德古拉
蜥蜴

\ 南瓜褲子 /

\ 惡魔粉圓 /

背後有
惡魔翅膀&尾巴

蜥蜴　　　炸蝦尾　　　粉圓

萬聖節杯

73

聖誕節系列

換上聖誕裝扮，
通關密語是……「聖誕快樂角落小夥伴！」

- 2014年 -

特別版角落小屋

San-X
網路商店
限定

聖誕節
版本

[套組內容]
●角落小屋
●掌心絨毛布偶（白熊、企鵝？、炸豬排、
貓、粉圓、雜草、裹布）

白熊　　企鵝？ 炸豬排　　貓　　粉圓　　雜草　　裹布

- 2016年 -

San-X
網路商店
限定

特別版
角落小屋

OPEN!

[套組內容]
●禮物BOX
●掌心絨毛布偶（炸豬排、貓、
蜥蜴、炸蝦尾、粉圓）

主題場景
絨毛布偶

部分門市
San-X
網路商店
限定

Merry
Christmas☆

[套組內容]
●角落聖誕樹
●掌心絨毛布偶
（白熊聖誕老公公、炸豬排馴鹿）

- 2017年 -

主題場景絨毛布偶

San-X
網路商店
限定

聖誕節
版本

Merry
Xmasumikko☆

進到屋裡……
發現大家都在呢！

Merry
Xmasumikko☆

[套組內容]
●糖果小屋
●掌心絨毛布偶（貓）

掌心絨毛布偶 聖誕節ver.

白熊
（聖誕樹）

企鵝？
（馴鹿）

炸豬排
（聖誕老公公）

貓
（馴鹿）

蜥蜴
（聖誕老公公）

雪橇

- 2018年 -

San-X
網路商店
搶先預購

聖誕節絨毛布偶

白熊聖誕老公公

貓

袋子

粉圓馴鹿
（粉色）

粉圓馴鹿
（藍色）

雪橇

掌心絨毛布偶

白熊
（蛋糕）

企鵝？
（聖誕老公公）

炸豬排
（馴鹿）

貓
（聖誕樹）

蜥蜴
（馴鹿）

炸蝦尾
（聖誕老公公）

＼可以放進＼
靴子裡♪

靴子

＼側面有＼
雜草

裡面有
飛塵

裡面有
禮物♪

小屋

＼屋頂上有＼
粉圓天使…★

75

角落小夥伴社團系列

如果角落小夥伴參加社團活動的話……？
總之還是依照角落小夥伴的Style進行。

- 2015年3月 - 「角落小夥伴社團」設計主題

絨毛布偶
吊飾

白熊
（足球）

企鵝？
（籃球）

炸豬排
（棒球）

貓
（網球）

蜥蜴
（游泳）

網球上
有一張臉！

偽蝸牛
背著計時器呢。

炸蝦尾
（啦啦隊）

企鵝？
（回家社）

貓
（輕音樂）

- 2016年3月 - 「角落小夥伴社團多一點」設計主題

絨毛布偶
吊飾

白熊
（美術）

企鵝？
（足球）

炸豬排
（啦啦隊）

貓
（排球）

蜥蜴
（網球）

炸蝦尾
（籃球）

絨毛布偶立體繪本

搭配掌心絨毛布偶一起玩真好玩！
一闔上絨毛布偶立體繪本，外型就是一本書喔♪

OPEN!

角落小屋的客廳

[套組內容]
- 角落小屋的客廳
- 掌心絨毛布偶（白熊）
- 角落小屋的置物櫃

OPEN!

角落小屋的農場

[套組內容]
- 角落小屋的農場
- 掌心絨毛布偶（企鵝？）
- 角落小屋的推車

角落小夥伴的寢室

[套組內容]
- 角落小夥伴的寢室
- 掌心絨毛布偶（貓）
- 角落小夥伴的玩具箱

角落小夥伴的衣櫃

[套組內容]
- 角落小夥伴衣櫃
- 掌心絨毛布偶（蜥蜴）
- 衣架3個
- 椅子

OPEN!

 OPEN!

衣架
可以掛斗蓬喔♪

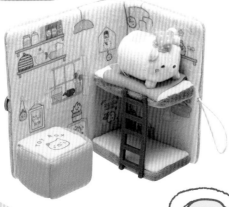

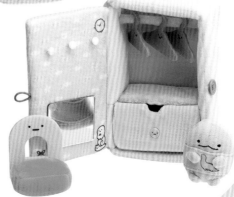

主題場景絨毛布偶

創造出各種不同場景的主題場景絨毛布偶。
搭配掌心絨毛布偶一起玩吧！

吊床

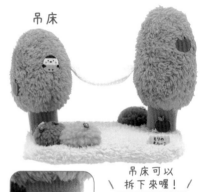

小樹屋

[套組內容]
● 小樹屋
● 掌心絨毛布偶
（蜥蜴）

吊床可以
拆下來喔！

偽蝸牛
帶來了蘋果★

可以掛
小包包喔♪

角落小夥伴的房間

[套組內容]
● 角落小夥伴的房間
● 白熊的置物櫃

角落小夥伴的
浴室

[套組內容]
● 角落小夥伴的浴室
● 角落小夥伴的洗衣籃

角落小屋

好想住在這間屋子裡啊♪
掌心絨毛布偶可以在令人憧憬的小屋裡玩耍呢。

[套組內容]
●角落小屋
●掌心絨毛布偶
（炸豬排）

[套組內容]
●角落小屋
●掌心絨毛布偶
（貓）

[套組內容]
●角落小屋
●掌心絨毛布偶
（貓）
●沙發

[套組內容]
●角落小屋
●掌心絨毛布偶
（白熊）

抽屜絨毛布偶

一拉開抽屜……出現了另一個房間！
方便收納的單品。

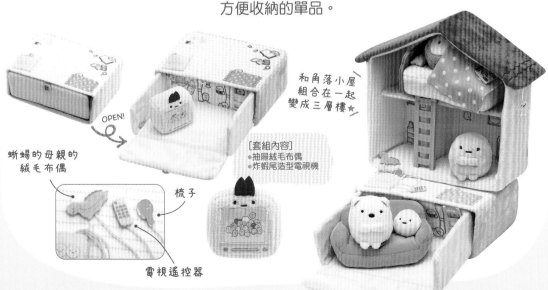

OPEN!

和角落小屋
組合在一起
變成三層樓★

蜥蜴的母親的
絨毛布偶

梳子

[套組內容]
●抽屜絨毛布偶
●炸蝦尾造型電視機

電視遙控器

可以和掌心絨毛布偶一起玩的單品很多。
各種組合都很有趣！

炸豬排當主角的
日式棉被★

日式棉被　　日式棉被　　日式棉被（白熊）　　日式棉被（貓）　　日式棉被（咖哩）

掌心絨毛布偶
可以坐2隻

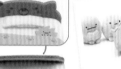

床與日式棉被
都很舒服～♥

沙發

床　　　　　床

沙發下面……
發現飛塵！

抽屜裏面
有梳子★

茶几

單人沙發
（粉色）　　　單人沙發
（水藍色）　　　梳妝台

罐頭造型茶几
打開還可以坐進去

[套組內容]
● 角落小夥伴的衣櫃
● 穿衣鏡
● 衣架3個
● 掌心絨毛布偶
（白熊）

角落小夥伴衣櫃　　　　雙層床

角落小夥伴的小屋

可以放進1隻掌心絨毛布偶的小屋。
放在房間的角落愈加可愛！

\ 門簾可以拉下來喔！/

小屋　　　　小屋　　　　帳篷　　　　帳篷

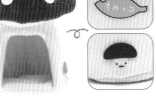
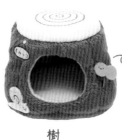

蘑菇　　　　　　　　　樹

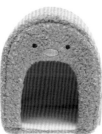

白熊最重要的
裹布
當然也在喔

炸豬排與炸蝦尾
讓今天
好運旺旺來♪

白熊小屋　　　　炸豬排小屋　　　　企鵝？小屋

企鵝？
有粉圓陪伴喔★

和貓十分要好的
雜草正在行
光合作用

蜥蜴
與好朋友
偽蝸牛

貓小屋　　　　　蜥蜴小屋

角落小夥伴變裝

可以穿在掌心絨毛布偶上的
衣服或帽子等流行單品。

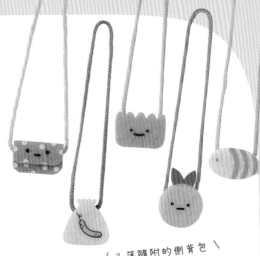

斗篷隨附的側背包
也各有特色★

斗篷（白熊）

斗篷（企鵝？）

斗篷（貓）

斗篷（炸豬排）

斗篷（蜥蜴）

斗篷（炸蝦尾）

清爽條紋

快樂花朵♪

飛塵笑容

音樂♪

休閒格紋

毛茸茸熊熊

報童帽

報童帽

戴得歪歪的
也很可愛♥

棒球帽

棒球帽

帽子反戴
更時尚♪

毛線帽

仔細一～看…
這裡也有
角落小夥伴的臉！

護耳帽

搖來晃去的毛球
是重點！

貝雷帽

戴上貝雷帽
就會有三股辮喔☆

角落小夥伴變裝套組

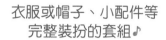

衣服或帽子、小配件等
完整裝扮的套組♪

FASHION すみっこ

FASHION すみっこ

[套組內容]
●衣服
●帽子
●手提包

外出（水手服・藍色）

[套組內容]
●衣服
●帽子
●手提包

外出（水手服・粉色）

FASHION すみっこ

FASHION すみっこ

FASHION すみっこ

[套組內容]
●帽子
●睡衣
●抱枕
●繪本

晚安（帽子）

[套組內容]
●睡衣
●髮帶
●抱枕
●粉撲

睡衣

[套組內容]
●衣服
●帽子
●手提袋

休閒

FASHION すみっこ

FASHION すみっこ

FASHION すみっこ

[套組內容]
●圍裙
●帽子
●麵包
●袋子

麵包店

[套組內容]
●斗篷
●抱枕
●小包包

雨衣斗篷

[套組內容]
●長褲
●帽子
●領巾

外出
（鄉村風）

出遊趣角落小夥伴

可以裝入掌心絨毛布偶一起外出
多式各樣的鑰匙圈、造型包及收納包★

\ 可 以 放 進 1 隻 掌 心 絨 毛 布 偶 喔 ♪ /

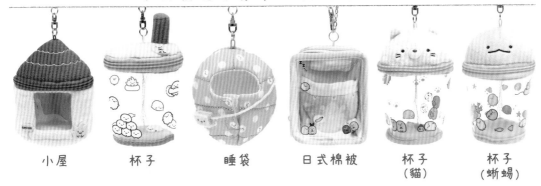

小屋　　杯子　　睡袋　　日式棉被　　杯子（貓）　　杯子（蜥蜴）

\ 可 以 放 進 2 隻 掌 心 絨 毛 布 偶 喔 ♪ /

愛心　　　　　背面　　　照相機　　　背面　　　白熊背包　　背面

\ 可 以 放 進 很 多 隻 掌 心 絨 毛 布 偶 喔 ♪ /

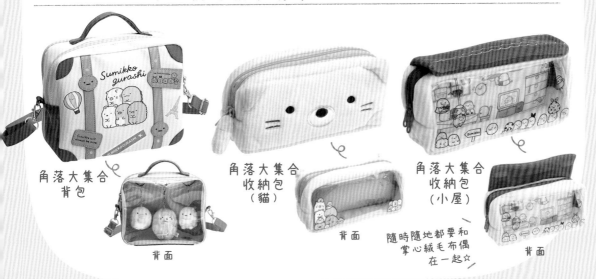

角落大集合
背包

角落大集合
收納包
（貓）

角落大集合
收納包
（小屋）

背面　　　　　背面　　　背面

隨時隨地都要和
掌心絨毛布偶
在一起☆

各式角落大集合雜貨

從雜貨到掌心絨毛布偶可以搭乘的車輛！
還有很多特別的單品。

角落
\ 發現飛塵★ /

多功能
置物盒(S)

多功能置物盤

背面

絨毛布偶面紙盒套

絨毛布偶
面紙盒套

掀開棉被
\ 就可以取出面紙♪ /

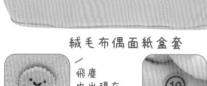

飛塵
也出現在
沙發後面♪

抱枕後面
有人遺失的
10元硬幣！

車子
（白熊）

\咻─♪

車子
（企鵝？）

限定單品

許多通路或店鋪開幕紀念等等
限定銷售的單品。

- 2015年8月 -

角落小屋

LOFT
限定

＼幽靈也能感到安心的＼
角落小屋♪

[套組內容]
●角落小屋
●蜜柑箱
●掌心絨毛布偶
（幽靈）

- 2015年3月 -

絨毛布偶
立體繪本

戴著和院子
很搭的帽子的
幽靈★

LOFT
限定

＼可以與掌心絨毛布偶＼
搭配一起玩
的口袋設計！

[套組內容]
●絨毛布偶繪本（角落小屋的院子）
●角落小屋
●掌心絨毛布偶（幽靈）

- 2015年4月 -

埼玉限定 掌心絨毛布偶套組

角落小夥伴shop
LaLaport
富士見店
限定

精選♪贈品套組BOX
＼與埼玉縣元素連結!?＼
當地掌心絨毛布偶★

主題場景絨毛布偶

角落小夥伴shop
LaLaport
富士見店
開幕紀念

＼座位角落＼
有張車票！

＼すみっこげ...

- 2015年9月 -

掌心絨毛布偶

角落小夥伴shop
上小田井mozo
Wonder city店
開幕紀念

＼恍如名古屋＼
名產炸蝦～♪

＼小黃瓜上面
沾了點味噌★

企鵝？
（鯨）

炸蝦尾
（炸蝦飯糰）

- 2015年12月 -

掌心絨毛布偶

角落小夥伴shop
LaLaport
EXPOCITY店
開幕限定

＼裝扮成＼
大阪名物！
＼章魚燒★

＼貓的＼
零錢包口
還有顆糖果♪

貓

炸豬排

- 2015年11月 -

角落小屋

[套組內容]
● 角落小屋
● 粉圓箱
● 掌心絨毛布偶（幽靈）

LOFT
限定

- 2016年7月 -

掌心絨毛布偶

Nintendo 3DS
「角落小夥伴
造鎮計畫」

遊戲中登場的是
穿浴衣的企鵝？

購買遊戲，寄回內附問卷，
將抽出3000名！
※贈品活動已結束

遊戲
好評熱賣中

Nintendo 3DS
「角落小夥伴 造鎮計畫」
定價：4800日幣（未稅）
1人用（連線人數上限5人）
角落互動遊戲
製造商：NIPPON COLUMBIA CO., LTD.

- 2016年8月 -

掌心絨毛布偶

角落小夥伴shop
東京晴空塔
晴空街店
開幕紀念

白熊　　企鵝？

炸豬排　　貓　　蜥蜴

手舉高高
為您介紹
晴空塔！

特別版絨毛布偶

可以從晴空塔中
把掌心絨毛布偶
拿出來喔♪

角落小夥伴shop
東京晴空塔
晴空街店
開幕紀念

白熊　　企鵝？

炸豬排　　貓

- 2016年9月 -

掌心絨毛布偶

LOFT
限定

日式棉被　　雙層床

[套組內容]
● 雙層床
● 掌心絨毛布偶（幽靈）

- 2017年7月 -

角落小夥伴變裝 套組

購買遊戲，寄回內附問卷，
就送遊戲中出現的服裝
變裝角落小夥伴套組♪
※贈品活動已結束

探險隊的服裝

Nintendo 3DS
「角落小夥伴
這裡是哪裡？」

遊戲
好評熱

Nintendo 3DS
「角落小夥伴 這裡是哪裡？」
定價：4800日幣（未稅）
1人用（連線人數上限5人）
角落互動遊戲
製造商：NIPPON COLUMBIA CO., LTD.

- 2017年7月 -

掌心絨毛布偶

貓坐進大樓裡
後面有雜草★

角落小夥伴shop
東京車站店開幕紀念
東京車站店限定商品

蜥蜴坐進大樓裡
後面有偽蝸牛★

貓(東京車站丸之內大樓)　　蜥蜴(東京車站丸之內大樓)

- 2017年11月 -

外出趣角落小夥伴　　LOFT 限定

[套組內容]
●外出趣角落小夥伴
●掌心絨毛布偶
（蜥蜴）

背面

- 2017年12月 -

角落小夥伴變裝 套組

購買遊戲，寄回內附問卷，
就送遊戲中出現的
「成員制服」變裝套組♪
※贈品活動已結束

角落公園的制服

※Nintendo Switch所攝LOGO。
Nintendo Switch為任天堂所屬商標。

Nintendo Switch™
「角落小夥伴
歡迎光臨角落公園」

好評
熱賣中★

Nintendo Swith
「角落小夥伴
歡迎光臨角落公園」
定價：5800日幣(未稅)
1～4人用
派對遊戲
製造商：NIPPON
COLUMBIA CO., LTD.

- 2018年2月 -

掌心絨毛布偶

白熊坐進到大樓裡
後面有裏布★

角落小夥伴
shop
東京車站店
限定商品

白熊(東京車站丸之內大樓)

JR東日本商品化許可

角落小夥伴
shop
限定

白熊

手拿用蝴蝶結收好
的畢業證書，帽子
的帽穗好時尚！

- 2018年6月 -　角落咖啡廳的咖啡攤第一彈

掌心絨毛布偶　　LOFT 限定

兩款圍裙各有
不同的可愛呢。

LOFT 限定

主題場景絨毛布偶

[套組內容]
●場景絨毛布偶
（角落咖啡廳的
咖啡攤）
●掌心絨毛布偶
（咖啡豆老闆）

側面

圍圍裙★

白熊
背面

幽靈
背面

咖啡豆老闆的咖啡
聽說是全世界
最好喝的★

背面

- 2018年6月 -

場景絨毛布偶

San-X
網路商店
搶先預購

角落小夥伴檢定

[套組內容]
● LOFT床與椅子
● 掌心絨毛布偶
（白熊、企鵝？
貓頭鷹、粉圓）

白熊　　　企鵝？

貓頭鷹　　　粉圓

背後的文字寫著
「鑽研角落」！

- 2018年7月 -　　## - 2018年12月 -

掌心
絨毛布偶

mimi et bon
限定

粉圓小雞　　　　粉圓小雞

" mimi et bon是？ "
以「又小又可愛又好吃」為概念
開設的外帶甜點專賣店。

mimi et bon 東京車站一番街店
東京都千代田區丸之內1-9-1
東京車站一番街地下 1F
營業時間：10:00〜20:30(不定期休息）
電話：03-6259-1889

すみっコぐらし.
×
mimi et bon
-Quiche sucrée-

- 2018年7月 -

角落小夥伴
shop
限定

掌心絨毛布偶

白熊　　　　企鵝？

絨毛布偶立體繪本 輪胎與熊貓車車

[套組內容]
● 絨毛布偶立體繪本
（輪胎與熊貓的車車）
● 掌心絨毛布偶
（熊貓車車）

OPEN!

角落小夥伴
shop
東京車站店
限定商品

炸豬排　　　貓　　　蜥蜴

-2018年8月-

特別版沙發絨毛布偶套組

角落小夥伴
書展
限定

白熊 企鵝？

特別版絨毛布偶立體繪本

[套組內容]
●絨毛布偶繪本（書展）
●掌心絨毛布偶（炸蝦尾）
●圓桌

OPEN!

-2018年10月-

角落小夥伴變裝 套組

購買遊戲，寄回內附問卷，
就送遊戲中角落小夥伴穿的
「雜貨店制服」變裝套組♪
※贈品活動已結束

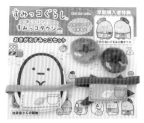

雜貨店制服

同款
設計★

Nintendo Switch™

「角落小夥伴
集合吧！角落小鎮」

好評
熱賣中♪

Nintendo Swith
「角落小夥伴
集合吧！角落小鎮」
定價：5800日幣(未稅)
1～4人用
角落互動遊戲
製造商：NIPPON COLUMBIA CO.,
※Nintendo Switch的LOGO及
Nintendo Switch係任天堂所屬商標。

角落小屋

粉圓限定版

限定店鋪＋
San-X
網路商店
限定

[套組內容]
●角落小屋
●掌心絨毛布偶（粉圓）
●粉圓椅子

91

- 2019年2月 -

出遊趣角落小夥伴

角落精選
快閃店
限定

杯子(白熊)　　杯子(企鵝?)　　杯子(貓)　　杯子(蜥蜴)

角落精選
快閃店
限定

掌心絨毛布偶

角落精選
快閃店
限定

角落小屋床組

紗帳可以
自由開關喔!

側面　　背面

可以放進2隻掌心
絨毛布偶喔☆

星星棉被　　冰淇淋棉被

附夢幻紗帳的床組♪

便當棉被　　花花棉被

- 2019年4月 -

掌心絨毛布偶套組

角落小夥伴檢定
考生
限定

金黃閃閃的
布標★

衣服的背面有
角落小夥伴檢定
的LOGO喔♪

白熊　　企鵝?　　炸豬排　　貓　　蜥蜴

-2019年4月- 角落咖啡店的咖啡攤第二彈

掌心絨毛布偶
LOFT+
San-X
網路商店
限定

貓

蜥蜴

角落小屋
LOFT+
San-X
網路商店
限定

搭配掌心絨毛布偶
一起享受優閒時光♪

【套組內容】
● 角落小屋
（幽靈小屋）
● 咖啡豆老闆的沙發
● 咖啡

COFFEE STAND

muffin

PANCAKE

-2019年5月-

絨毛布偶

大家一起
變身成章魚燒★

角落小夥伴shop
大阪梅田店、神戶店、
LaLaport EXPOCITY店
阿部野Q's Mall店
限定

[套組內容]
● 掌心絨毛布偶
（白熊、企鵝？、炸豬排
貓、蜥蜴、章魚燒）
● 章魚燒盤

掌心絨毛布偶

角落小夥伴shop
阿部野Q's Mall店
限定

炸蝦尾

聯名企畫

為各位介紹角落掌心絨毛布偶大集合
歷年聯名企畫♪

角落小夥伴×TOWER RECORDS聯名企畫2015

聯名絨毛布偶繪本

／唱盤裡面是…＼

[套組內容]
●絨毛布偶立體繪本
●掌心絨毛布偶（炸蝦尾）
●唱盤
●雙主唱（飛塵、雜草）
●爆炸頭假髮

掌心絨毛布偶

| 白熊
（鍵盤） | 企鵝？
（貝斯） | 炸豬排
（鼓） | 貓
（吉他） | 蜥蜴
（經紀人） |

角落小夥伴×TOWER RECORDS聯名企畫2017

掌心絨毛布偶

| 白熊 | 企鵝？ | 炸豬排 | 貓 | 蜥蜴 |

躺進睡袋裡
炸蝦尾説晚安…

| 樹 | 帳蓬 | | 睡袋＋炸蝦尾 |

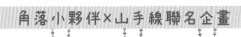

角落小夥伴×山手線聯名企畫

絨毛布偶
吊飾

| 白熊 | 企鵝？ | 炸豬排 | 貓 | 蜥蜴 |

主題場景絨毛布偶

掌心絨毛布偶

[套組內容]
●場景絨毛布偶
●掌心絨毛布偶（站務員企鵝？）

哐噹
哐噹

哐噹
哐噹

╱屋頂有麻雀、
長椅下有飛塵呢★

╱電車附鈕釦與勾繩╲
可以串聯多節車廂♪

SumikkOgurashi™ × YAMANOTE LINE

JR東日本商品化許可

角落小夥伴×UNIQLO聯名企畫

掌心絨毛布偶

還有購物袋★

2018年

本活動已結束

| 白熊 | 企鵝？ | 炸豬排 | 貓 | 蜥蜴 |

角落小夥伴們
變成冰淇淋♪

2019年

凡購買角落小夥
伴T恤2件，即可
獲贈一隻掌心絨
毛布偶！
※數量有限，送
完為止
※贈品配送條件
各區略有差異

| 白熊 | 企鵝？ | 炸豬排&炸蝦尾 | 貓 | 蜥蜴 |

95

角落小夥伴×EBARA食品聯名企畫

掌心絨毛布偶

\ 角落好朋友★ /

白熊　　　　企鵝？　　　炸豬排　　　　貓　　　　　蜥蜴

EBARA食品「和角落小夥伴一起快樂做便當活動」
原創「掌心絨毛布偶」會抽出1,000名得獎者★
※活動參加截止日為2019年6月30日（以郵戳為憑）

角落小夥伴×角落小夥伴FanBook（主婦與生活社）聯名企畫

掌心絨毛布偶

\ 每個主角的特刊
都有附錄贈品喔★ /

「角落小夥伴FanBook
滿滿都是貓號」　貓

「角落小夥伴FanBook
滿滿都是白熊號」　白熊

「角落小夥伴FanBook
企鵝＆角落小小夥伴
滿滿特大號」　企鵝？

「角落小夥伴FanBook
滿滿都是
炸豬排＆炸蝦尾號」　炸豬排

「角落小夥伴FanBook
滿滿都是蜥蜴號」　蜥蜴

日本特別版城堡＆
掌心絨毛布偶
※活動已截止

炸蝦尾

\ 集滿5本就可參加活動！/

\ 5 th Anniversary!! /

「角落小夥伴」日本官方商店

到角落小夥伴shop
一起玩吧！

全國共15家門市的「角落小夥伴shop」周邊商品超豐富♪
絨毛布偶、文具，當然還有雜貨
角落大集合單品也很齊全★
一定要來玩喔。

拉拉熊專賣店中附設
角落小夥伴shop一覽

● 札幌店
　☎011-213-5755
● 仙台店
　☎022-714-8015
● 池袋Sunshine City店
　☎03-5952-5312
● 吉祥寺店
　☎0422-29-2155
● 東京晴空塔・晴空大街店
　☎03-5610-7228
● 原宿店
　☎03-3409-3431
● Lalaport富士見店
　☎049-255-5916
● 上小田井店
　☎052-380-8971
● 大阪梅田店
　☎06-6372-7708
● 阿倍野Q's Mall店
　☎06-4394-8091
● LalaportEXPOCITY店
　☎06-6877-1112
● 神戸店
　☎078-366-6833
● 福岡PARCO店
　☎092-235-7294
● AMU PLAZA大分店
　☎097-537-1227

角落小夥伴shop東京車站店店鋪設計概念是
「讓您感受到療癒與安心的角落森林小屋」。
進入店中，立刻就會被角落小夥伴的周邊商品淹沒☆

角落小夥伴shop
東京車站店

〒100-0005
東京都千代田區丸之內1-9-1
東京車站一番街地下1樓
☎03-3201-5888
營業時間：10:00～20:30

東京車站店同時販售以「可愛、
美味」為主題的外帶甜點專賣店
「mimi et bon」聯名甜點★
店中可以看到甜點製作過程喔。
（關於「mimi et bon」請見P.90！）

○make 附贈

為大家獻上角落小夥伴的拍攝現場寫真★

喀嚓

拍攝工作 辛苦大家了

太棒了

平常看不到的
拍攝祕辛♪

緊張
興奮

各種樣貌
角落小夥伴♪

好天氣眷顧
好舒服★

好大的相機
幫我們
拍照。

變裝
角落小夥伴
魔法棒☆

玩轉角落大集合!

「角落小夥伴掌心絨毛布偶大集合」原創背景大放送♪

準備材料

- 《角落小夥伴掌心絨毛布偶大集合》
- 掌心絨毛布偶 或 喜歡的角落大集合單品

1

請先準備好把《角落小夥伴掌心絨毛布偶大集合》橫放

(從下往上翻頁喔★)

2

選擇想要拍攝的「角落大集合背景」

3

選定後把挑選好的單品放上去

4

照片拍攝後可以搭配拍照軟體美化♪

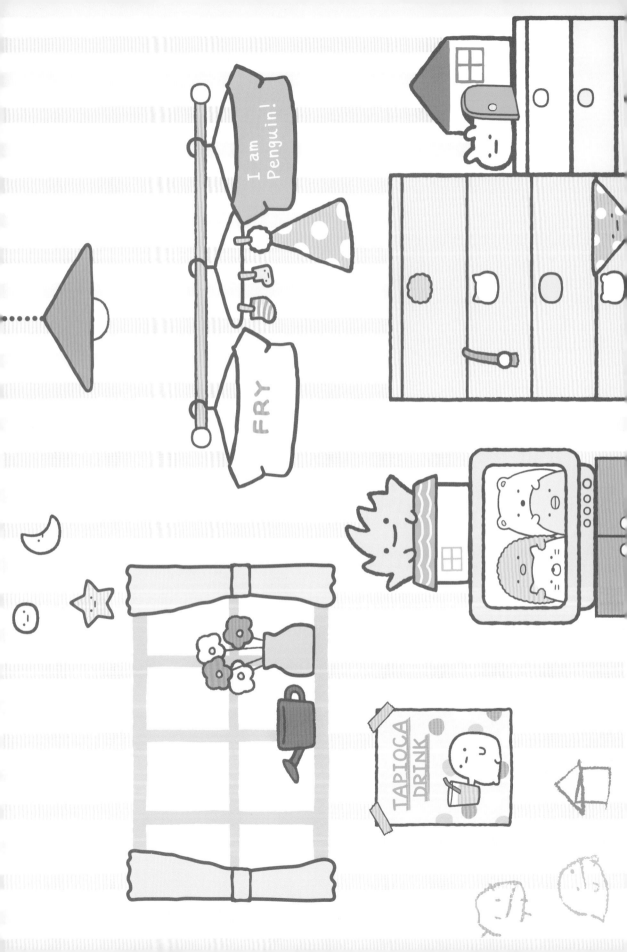

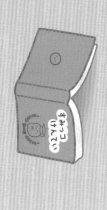

Sumikkogurashi™

Day after day we have fun in the corner...

SAKANA

謝 謝 觀 看 ♪

CAMERA

There is Sumikko,
we always be.

SUMIKKO!

Good!!

編輯後記

喜悅的時候　悲傷的時候
想要找人聊聊的時候。

不管什麼時候，都陪在身邊的掌心絨毛布偶
隨時都溫柔歡喜迎接我的絨毛布偶立體繪本
專注每個細節製作而成，渾然天成的可愛
為我帶來朝氣的角落小夥伴變裝
不論是哪個情境都很精美的主體場景絨毛布偶等等……

《角落小夥伴掌心絨毛布偶大集合》充滿著一個又一個的溫暖。
因為想要傳達這些溫暖給更多人，而完成了這本書。

你也遇見可愛的角落小夥伴了嗎？

角落小夥伴的相關資訊都在這兒

角落小夥伴的最新資訊
全都在官方APP

 角落小夥伴通信（APP版）
http://www.san-x.co.jp/sumikko/app/

角落小夥伴
官方網站

 角落小夥伴通信
http://www.san-x.co.jp/sumikko/

 角落小夥伴官方Twitter
https://twitter.com/sumikko_335

staff

攝影	岡 利惠子・San-X株式會社
設計	前原香織
編集協力	橫溝由里・白麻糬・川崎聖子・西田愛實・酒田理子・酪梨・桐野朋子(San-X株式會社)
小物協力	RE-MENT株式會社　©2019 RE-MENT
校閲	文字工房燦光株式會社
取材・編集	上元泉

※書中相關資訊截止至2019年4月。
　部分商品於本書發行時可能已售完。
※「角落大集合」製造商均為San-X。
　（部分商品除外）

角落小夥伴掌心絨毛布偶大集合 BOOK

總編輯	賈俊國
副總編輯	蘇士尹
編輯	高懿萩
行銷企畫	張莉榮・黃欣・蕭羽猜
翻譯	高雅淇
發行人	何飛鵬
法律顧問	元和法律事務所 王子文律師
出版	布克文化出版事業部
	台北市民生東路二段 141 號 8 樓
	電話：02-2500-7008 傳真：02-2502-7676
	E-mail：sbooker.service@cite.com.tw
發行	英屬蓋曼群島商家庭傳媒股份有限公司城邦分公司
	台北市中山區民生東路二段 141 號 2 樓
	書虫客服服務專線：02-25007718；25007719
	24 小時傳真專線：02-25001990；25001991
	劃撥帳號：19863813；戶名：書虫股份有限公司
	讀者服務信箱：service@readingclub.com.tw
香港發行所	城邦（香港）出版集團有限公司
	香港灣仔駱克道 193 號東超商業中心 1 樓
	電話：+852-2508-6231 傳真：+852-2578-9337
	E-mail：hkcite@biznetvigator.com
馬新發行所	城邦（馬新）出版集團 Cite (M) Sdn. Bhd.
	41, Jalan Radin Anum, Bandar Baru Sri Petaling,
	57000 Kuala Lumpur, Malaysia
	電話：+603-9057-8822
	傳真：+603-9057-6622
印刷	卡樂彩色製版印刷有限公司
初版	2022 年 4 月
售價	380元

城邦讀書花園　布克文化
www.cite.com.tw　WWW.SBOOKER.COM.